EXPRESSING THE SPACE BY MARKER PENS DRAWING

马克笔空间设计手绘表现

高等院校环境艺术设计专业系列教材

马克笔空间设计
手绘表现 修订版 尚龙勇 著

东华大学出版社·上海

马克笔色彩妙境（代序）

　　理论上来说，色彩是光反映到人眼睛视神经产生的一种感觉。人与人因视觉神经系统的差异，感受同一光波产生的色彩应有所不同。每个人看到的红颜色也许会相差甚远，严重色盲的人可能永远感受不到鲜艳的红色。色彩于是成了不存在的存在，或是在"在与不在"之间变换。其实我认为色彩就是一种感觉。这感觉虽由视觉神经系统形成，但视觉系统又被心觉系统统治。实际上是"色由境生""境由心生""色由心生"。

　　色由心生同时又色由境生，马克笔色彩因此而有了非常丰富炫丽多彩的表现力。

　　首先马克笔能表达真实色彩，即能表达设计空间中材质的真实色彩，我见过上千支不同色彩的套装马克笔。而同一设计空间中铺设的主材质色彩往往不多过10种。一套36～108种色马克笔基本能满足日常设计真实色彩表达之用。如果马克笔仅仅用其真实色彩表达这一步，那真屈辱了马克笔色彩的神奇之处与色彩的美妙之处。真实铺设材质色彩是不用动多少脑筋就能完成的，因此常产生色彩僵硬的境况，几乎也不会产生多少色彩联想。无色彩思考的马克笔色彩空间通常比较呆滞。色彩与光环境有关，更与心境有关，色彩是有"思想"的，有"思想"的色彩才有活力。

　　本书作者马克笔表达的色彩有"思想"。色由境生，设计空间环境线稿会形成初步设计之景，此阶段由形体产生的境是素境，即素景。素景基本上没有色彩思想（纯单色空间属色彩特例，也同样有色彩思想）。在该素景空间上色的过程，就是色彩设计、色彩思维进行的过程。运用马克笔每添加上去的一笔色彩就是一个色彩词汇，随着一笔笔色彩的添加，一组组词儿穿行在素色稿上，就出现语句，形成色彩"思想"。有"思想"的色彩不一定是空间材质真实色，此间色彩汇集成有血有肉甚至有灵魂的空间妙境，这妙境随心而成。不同心境的观众看色彩效果，会产生不同的色彩美妙感。色彩圣人、大画家梵·高据说就是用每支颜料（笔沾上该颜料不经调色）直接画在画布上，与马克笔直接画在空间画稿上一样。本书作者的马克笔色彩已有这种非真实色彩的美妙境界。其马克笔画中的水景与梵·高油画中的水景一样存在"思想"，反映了空间色彩环境的喜怒哀乐、爱恨仁恶等情感甚至智慧。

　　马克笔色彩运用于空间设计表现是近几十年的事，比油画和水彩画等色彩画种年轻几百岁。马克笔的色彩运用还有许多真空地带，年轻设计师们加油！

余工

C^{目录}ontents

01

空间设计手绘表现概述

第一章 空间设计手绘表现概述

1.1 空间手绘表现的内容与性质

空间设计是根据建筑物的使用性质、所处环境和相应规范，运用物质技术手段和艺术美学原理，创造功能合理、美观舒适、满足人们物质和精神生活需要的空间环境。其空间既要具有使用价值，又要满足使用对象要求，同时反映历史文脉、建筑风格、环境气氛等精神因素。现代空间设计包括视觉环境和工程技术方面的内容，也包括声、光、热等物理环境以及氛围、意境等心理环境和文化内涵等内容，是一门既充满严谨科学性又充满浪漫艺术性的综合性学科。因此，在空间设计创作的过程中设计者需要有丰富的想象力和严谨慎密的综合多元思维方式。

在现代，设计已成为创意型产业的金钥匙，设计教育最重要的是要培养学生的创新思维。思维是人们头脑对自然界事物的本质属性及其内在联系的间接、概括的反映；而设计则是通过改变自然物的性质，形成为人所用的物品。人借助于思维将自己的本质力量对象化，因为设计与思维在设计的过程中是一个完整的概念，"设计"是前提，限定了思维的范畴，"思维"是手段，借助于各种表现形式，最终形成设计产品。手绘设计表现是设计思维最直接、最便捷的表现方式，可以在人的抽象思维和具象表达之间进行实时的交互和反馈，使设计师抓住稍纵即逝的灵感火花，培养设计师对于形态的分析、理解和表现。随手勾画可以为设计师积累很多灵感，在这种手和脑的对话中，设计师的创意逐渐变为了现实。手绘草图是思维的自然流露，也是设计整理和推敲的过程，无心而为又有心得。下笔前立意，"意在笔先"能弥补天赋不足甚至超越天赋。

1.2 空间手绘表现的现状与发展

在现代设计界，手绘图已经是一种流行趋势，许多著名设计师常用手绘作为表现手段，快速记录瞬间的灵感和创意。手绘图是眼、脑、手协调配合的表现。手绘表现对设计师的观察能力、表现能力、创意能力和整合能力的锻炼是很重要的。手绘设计通常是作者设计思想初衷的体现，能及时捕捉作者内心瞬间的思想火花，并且能和作者的创意同步。在设计师创作的探索和实践过程中，手绘可以生动、形象地记录下作者的创作激情，并把激情注入作品之中。 因此，手绘的特点是能比较直接地传达作者的设计理念，作品生动、亲切，有一种回归自然的情感因素。例如，在一个包装盒上采用书法字体时，选用电脑字库里的字体总是不尽如人意，而改用手写字体，顿时感到有一股生气，效果截然不同。手绘设计的作品有很多偶然性，这也正是手绘的魅力所在。在设计行业，对设计师来说，手绘的重要性越来越得到普遍认同！因为手绘是设计师表达情感、表达设计理念、表诉方案结果最直接的"视觉语言"（图1-1～图1-3）。

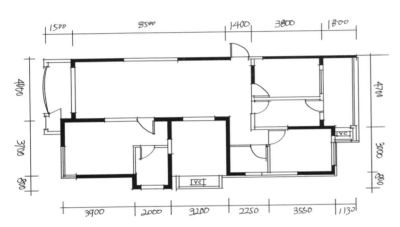

图1-1 手绘表现设计方案

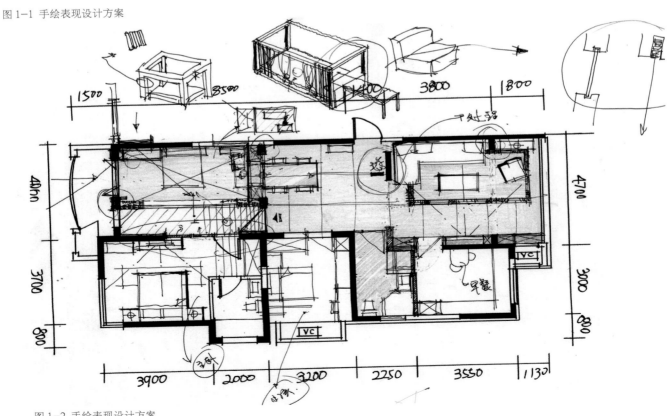

图1-2 手绘表现设计方案

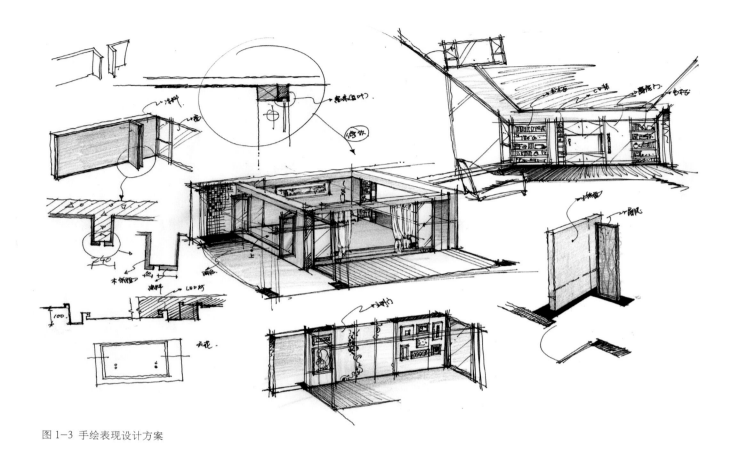

图 1-3 手绘表现设计方案

1.3 手绘在空间设计中的运用

　　一个好的创意，往往只是设计者最初设计理念的延续，而手绘则是设计理念最直接的体现。对于以往以手绘为主的设计师而言，他们的设计理念可以彻底释放，不再拘泥于手绘设计中的繁琐过程，可以专心梳理所有的设计头绪，进而形成设计理念，并且与设计表现一体化（图 1-4、图 1-5）。

图 1-4 手绘在空间设计中的运用

图 1-5 手绘在空间设计中的运用

大堂方案透视二

2011.11.

1.4 空间手绘表现中常用的工具和材料

设计师在表现设计对象的外部轮廓时，多采用线条的形式进行或具象或抽象的描绘。在现实生活当中是不存在线条的，设计师用线条来表现自己设计的图像，是一种在有限的时间和空间内用最快速便捷的方式自我交流及与他人进行交流的方法。在手绘表现图的绘制过程中，良好的工具和材料对手绘表现也起着非常重要的作用。不同的表现工具和材料可以产生不同的表现结果。设计者应该根据所要表现设计对象的特点，结合平时所积累的手绘经验，总结出适合自己的表现工具。熟练地掌握这些手绘工具材料的特性和表现技巧，是实现高质量手绘表现效果图的基础。

（1）绘图笔——铅笔、草图笔、水性笔、钢笔、马克笔。

1）铅笔——具有快速表现草图的特点。可以利用运笔角度的多变性产生各种生动活泼的运线变化。使人观其线时能感受到设计表达中情感的流露与变化。因铅笔容易修改的特点，常用来为精细设计表现图打底稿，同时给初学者带来信心。

2）草图笔——现在市面上有一些笔专门用于勾勒设计创思方案草图，其特点是运笔流畅，线条明确，黑白分明，线条各具特点，可根据作画对象特征选择。

3）水性笔——水性笔是生活中常见的写字工具，因其相对便宜，携带方便，且线条流畅自由奔放，也常被设计师用来作为表现工具。市面上有各种品牌和型号，可根据需要选择。

4）钢笔——钢笔线条流畅，墨线清晰，明暗对比强烈，具有很强的表现效果。因有很多不同墨水的选择，其表现力更加丰富。笔者常用的英雄382美工笔，线条粗细变化更为丰富，且优美而富有张力，可快速表现大明暗体块关系，草图写生时也常用到，是一种多功能用笔。

5）马克笔——马克笔又称麦克笔，是快速表现中最常见的表现工具。马克笔两端有粗笔头和细笔头，粗笔头又有方形笔头和圆形笔头之分。方形笔头平直整齐，笔触感强烈有张力，易于掌控，适合比较整体的块面上色。圆形笔触线条豪放，变化丰富。

马克笔具有作图快速，表现力强，色泽稳定，使用方便的特点，近年来越来越受到设计师的青睐。马克笔以笔触排列层层叠加的方法进行明暗过渡，使概括变化更加丰富生动，一般遵循先浅后深，逐步调整的作图步骤。马克笔颜色是固定的，因此对于一些没有的色彩要通过两种或多种颜色层层叠加来生成所要的色彩。

市面上曾出现过三代马克笔，按添加剂区分可分水溶性马克笔，酒精溶剂马克笔和甲苯溶剂马克笔。水溶性马克笔色彩鲜亮，笔触界限清晰，色彩相溶性较差且覆盖力很强，表现时不能反复上色，这样容易导致色彩浑浊肮脏，纸张起毛破损。现在表现图中不常用，而用作写生效果非常好。酒精溶剂马克笔色彩漂亮且相溶性好，干燥后不易变色，适用于各类纸张，且价格便宜，添加酒精后可反复使用，比较普及。甲苯溶剂油性马克笔代表有美国AD牌马克笔，色彩丰富淡雅，着色快速，笔触潇洒大气，比较适用于大面积着色。

（2）绘图纸——绘图纸的选择对手绘效果图的表现有直接影响，不同类型的纸张表现出来的色彩和感觉是不一样的。常用的手绘纸张类型有普通复印纸、速写本、马克笔专用纸、草图纸、流酸纸。普通复印纸因其价格低廉，色彩渗透性好而运用普遍。

（3）比例尺——比例尺是设计师在设计时常用的工具，能够帮助设计师精准地推敲设计平面图、立面图的比例关系，同时也是手绘表现图的重要辅助工具，可以比较准确地强调效果图中的直线轮廓等。

02

手绘设计表现基础
——线的应用

第二章 手绘设计表现基础——线的应用

　　线是手绘设计表现的基本构成元素，也是造型元素中重要的组成部分，用于介定所要表现对象及空间的轮廓，是表现图的结构骨架。不同的线条代表着不同的情感色彩，画面的氛围控制也与不同线条的表现有着紧密的关系。在表达过程中，绘制出来的线条具有分量、轻重、密度和表面质感。在表达空间时，线条能够揭示界限与尺度，在表现光影时能反映亮度与发散方式，也是初学者快速提高手绘设计表现水平的第一步。

　　要想快速提升手绘设计水平，系统地练习并掌握线条的特性是必不可少的。线条是有生命力的，要想画出线的美感，需要做大量的练习，包括快线、慢线、直线、折线、弧线、圆线、短线、长线、连续线等。也可以直接在空间中练习，通过画面的空间关系控制线条的疏密、节奏。体会不同的线条对空间氛围的影响，不同的线条组合、方向变化、运笔急缓、力度把握等都会产生不同的画面效果（图 2-1、图 2-2）。

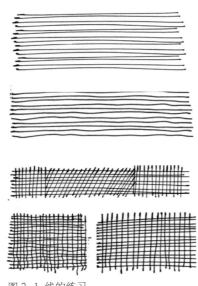

图 2-1 线的练习

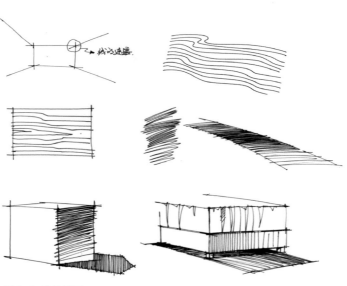

图 2-2 线的练习

2.1 室内陈设线稿表现

现代空间设计在经过几十年的发展后，设计风格趋于多元化。随着人们生活水平的提高，对物质需求和精神需求都不断提高。空间设计不只停留在功能合理的层面。家居软装饰已越来越受到重视。家居陈设在室内空间设计中占有很大的比例和重要地位，能对空间氛围及环境效果产生重要的影响。同时，能反映空间设计风格，决定空间设计细节和品质（图 2-3、图 2-4）。

图 2-3 家居陈设结构线稿表现

图 2-4 家居陈设结构线稿表现

1．家居陈设结构线稿表现

学习要点：抛去传统素描的光影关系，抓住描绘对象的外轮廓线及结构线，强调形体转折线。

学习目的：能够把握对象的比例尺度，提高快速准确的造型能力。掌握陈设单体和组合的绘制要点（图 2-5 ～ 图 2-10）。

图 2-5 家居陈设结构线稿表现

图 2-6 家居陈设结构线稿表现

图 2-7 家居陈设结构线稿表现

图 2-8 家居陈设结构线稿表现

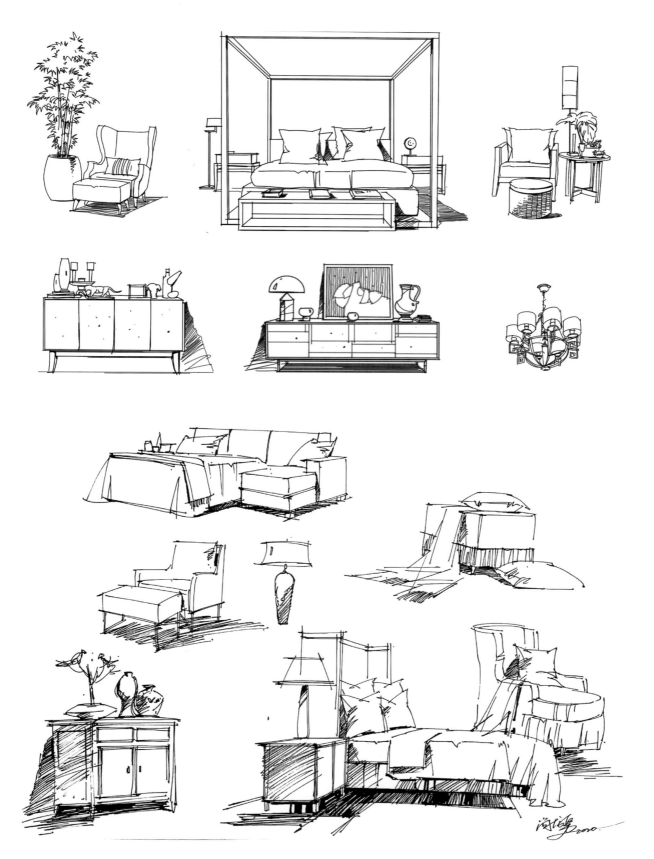

图 2-9 家居陈设结构线稿表现

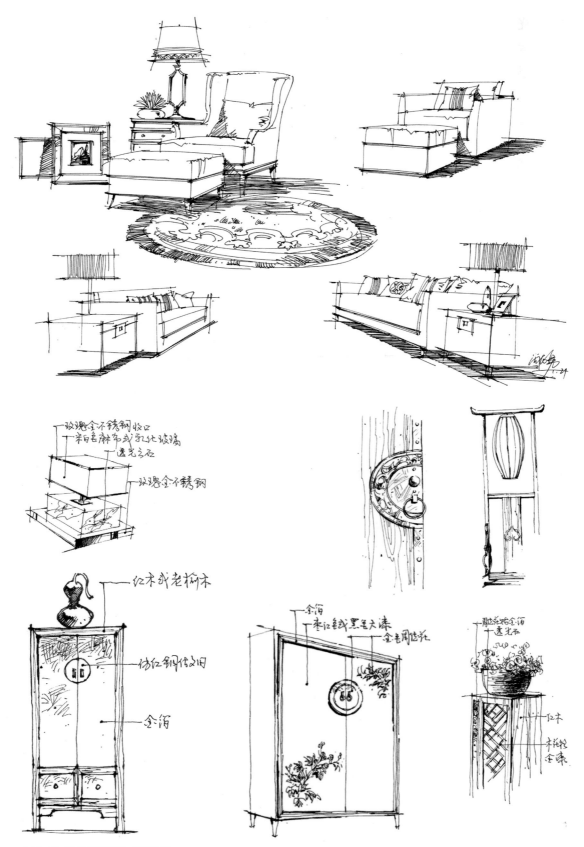

图 2-10 家居陈设结构线稿表现

2. 家居陈设光影线稿表现

学习要点：在结构线稿的基础之上，假设一个主光源，对形体做"三大调"处理——受光部、背光部、投影。受光部基本保持留白或简单肌理表现，背光部以材质肌理表现为主，也可根据画画需要辅以适当的光影斜线。投影是画面调子最重的一部分，找到准确的投影位置，按透视关系用线条表现。强调物体与投影的交接线。注意投影的远近虚实变化。

学习目的：熟练掌握物体的黑白灰关系。提高表现的高度概括力（图2-11～图2-18）。

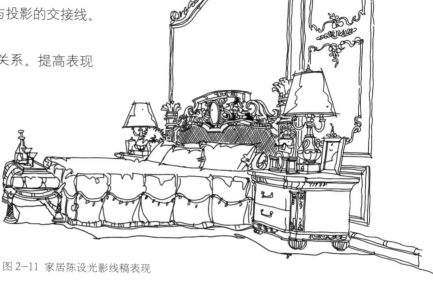

图2-11 家居陈设光影线稿表现

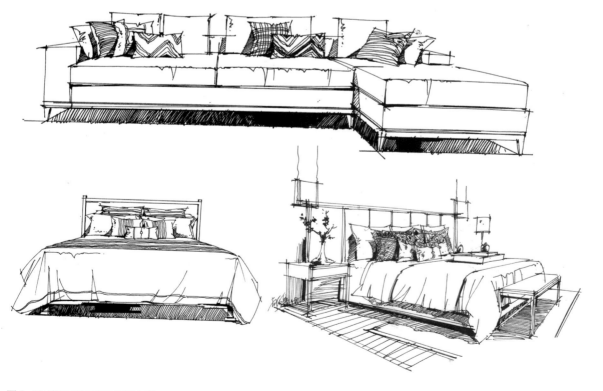

图2-12 家居陈设光影线稿表现

图 2-13 家居陈设光影线稿表现

图 2-14 家居陈设光影线稿表现

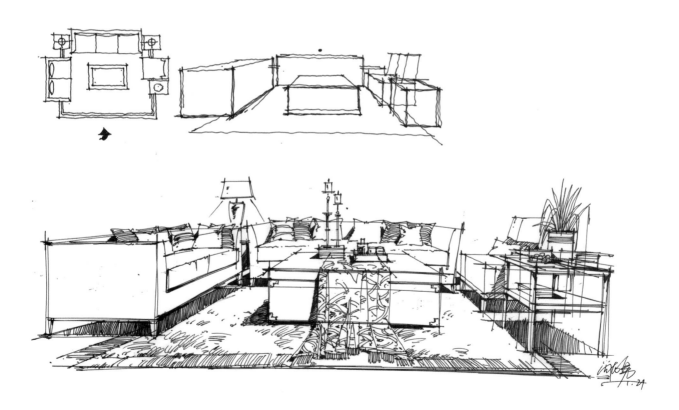

图 2-15 家居陈设光影线稿表现

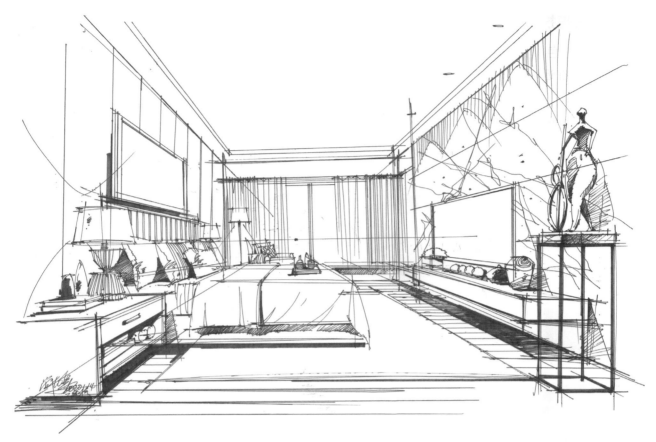

图 2-16 家居陈设光影线稿表现

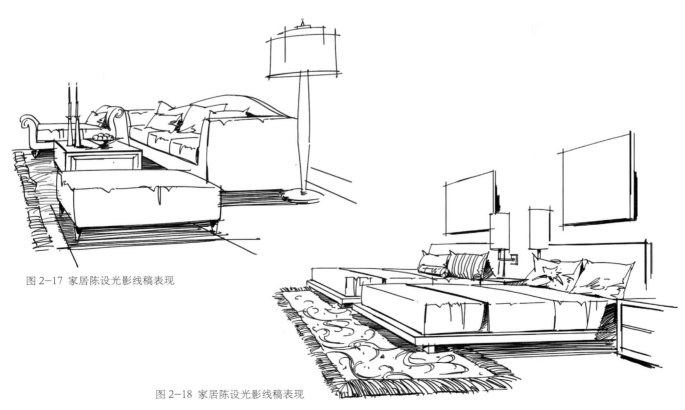

图 2-17 家居陈设光影线稿表现

图 2-18 家居陈设光影线稿表现

2.2 马克笔表现技法

马克笔由于其色彩丰富、作画快捷、使用简便、表现力较强，而且能适用于各种纸张，省时省力，因此在近几年里成为设计师的宠儿。选购马克笔时应以灰色彩为主，特别是灰色系和复合色系。纯度很高的色彩只需少量配置，用以点缀和丰富画面效果。

1. 马克笔运笔训练

学习要点：马克笔运笔方式根据所处光影部位置及材质要求分为四种：平铺、飘笔、连笔、自由笔。飘笔用在亮部，连笔用在暗部，平铺是基本用笔，自由笔多用于植物及柔软材质表达。在使用马克笔的过程中，运笔角度的不同可画出粗细不等的线条，亦可表达光影变化。

学习目的：掌握正确的用笔姿势和角度，熟悉马克笔的特点（图2—19）。

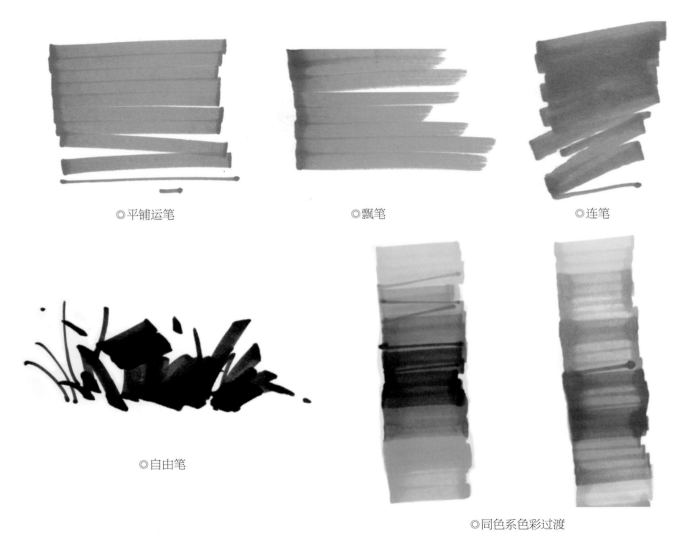

◎平铺运笔　　　　　　　　　◎飘笔　　　　　　　　　◎连笔

◎自由笔

◎同色系色彩过渡

图2—19 马克笔运笔训练

2. 马克笔的配色训练

学习要点：初学马克笔时通常会不知道怎么用色及色彩搭配，所以在初期多进行一些色彩过渡及配色练习尤为重要。马克笔一般由深色叠加浅色（也会因材质需要浅叠深）。同一支马克笔反复叠加会加重其色彩（到一定明度后就不会有明显变化）。不同色系及明度相近的色彩大面积叠加会使色彩变浊变脏。学习目的：通过大量的配色训练了解马克笔的调色效果及变化（图2-20）。

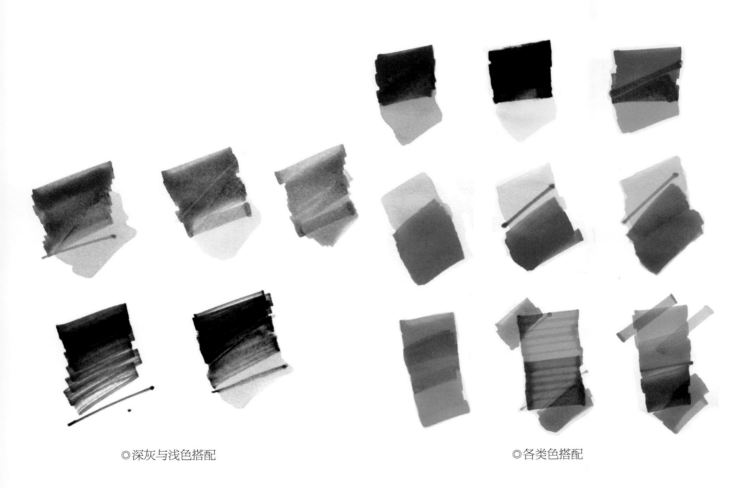

◎深灰与浅色搭配   ◎各类色搭配

图2-20 马克笔配色练习

3. 马克笔笔触在空间中的变化（图2-21）

◎连笔湿画

◎排笔过渡

◎球体运笔

◎快速笔触

◎暖色混搭

◎湿笔触过渡

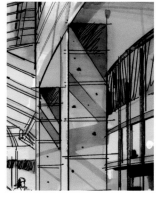

◎干湿结合

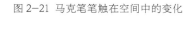

图2-21 马克笔笔触在空间中的变化

2.3 马克笔陈设物表现训练

学习要点：利用不同的色彩配色及技法表达各类陈设物的材质及光影变化。

学习目的：熟练掌握色彩的造型技巧，通过大量的训练，了解不同风格家饰的色彩及形式，为今后的设计创作提供素材（图2-22～图2-29）。

图2-22 马克笔陈设物表现训练

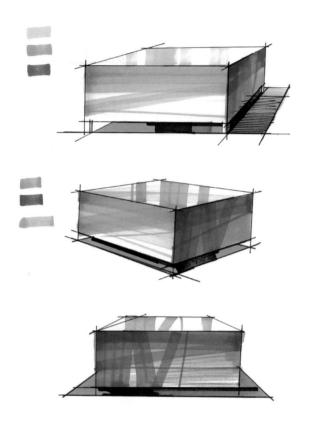

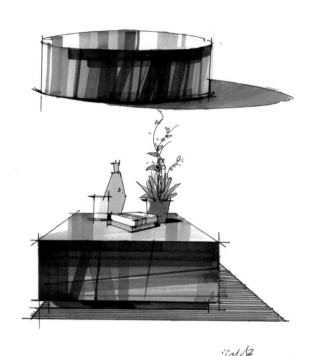

茶几马克笔表现技法.

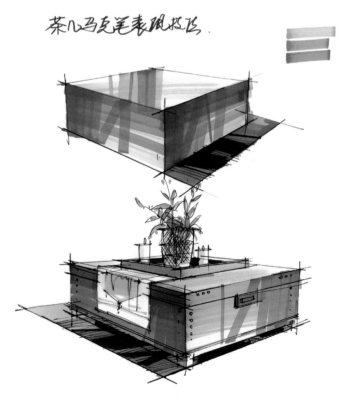

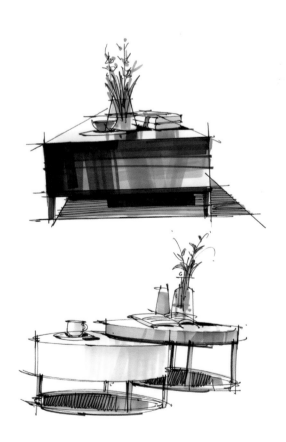

图 2-23 马克笔陈设物表现训练

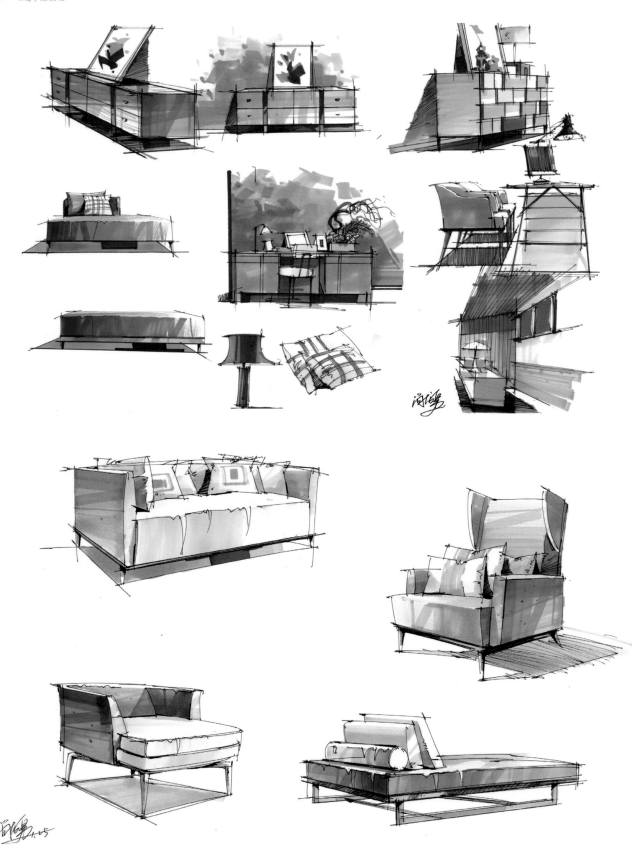

图 2-24 马克笔陈设物表现训练

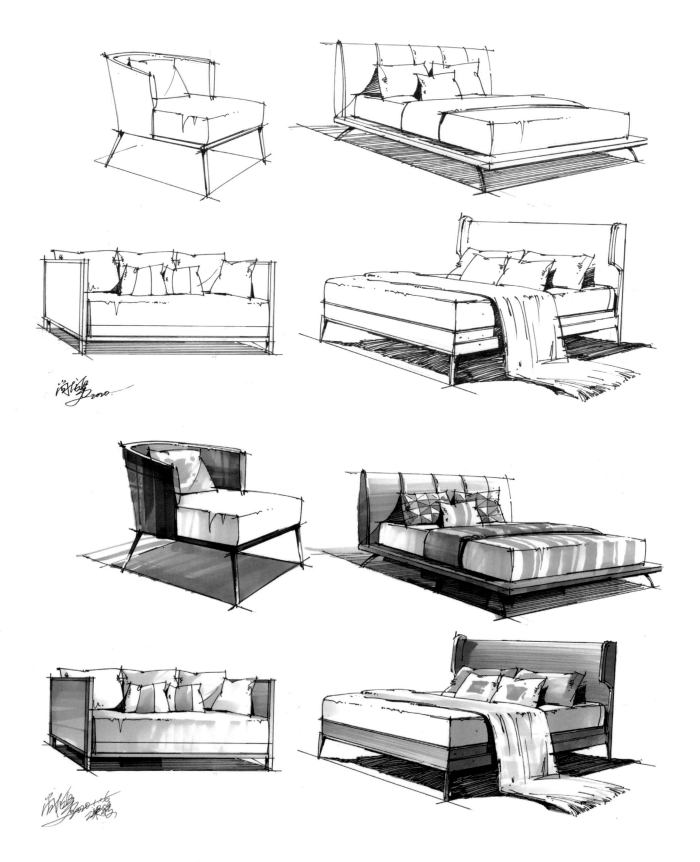

图 2-25 马克笔陈设物表现训练

图 2-26 马克笔陈设物表现训练

图 2-27 马克笔陈设物表现训练

图 2-28 马克笔陈设物表现训练

图 2-29 马克笔陈设物表现训练

03

快速透视法及空间线稿练习

第三章 快速透视法及空间线稿练习

　　透视是人的视觉习惯，设计师借助透视，把自己的设计构思通过二维平面绘制出三维立体的效果图，直接真实地反映空间效果。

　　学习要点：当代徒手表现透视在传统透视原理的基础上有所发展，更讲究快速与美感。透视原理本身是比较容易掌握的，但在运用中容易出现问题，主要是熟练程度的问题，所以在大量透视训练的基础上要做到心中有透视，始终抓住近大远小、近高远低的基本规律，有透视变化的线一定要消失在消失点上。多尝试视平线高低变化及消失点左右变化对透视图的影响。

　　学习目的：能根据自己的设计意图正确选择透视方法，画出更具美感、能全方位反映设计终端产品的效果图。

3.1 餐厅一点平行透视（图3-1～图3-4）

特点：

（1）画面与视平面平行，画面只有一个消失点；

（2）透视图中所有的水平线都是与画面平行的，所有垂直线都与画面垂直，所有纵深线都要与消失点相联；

（3）纵深感强，适合表现严肃、庄重、大方的空间氛围。

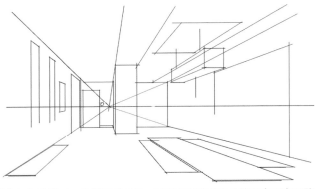

图3-2 步骤二：根据尺度关系，画出立面造型分界线及主要家居陈设投影位置

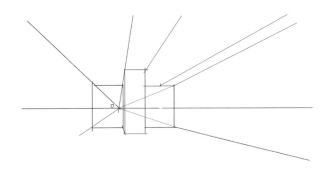

图3-1 步骤一：根据平面图、视点及尺度比例，画出基面，定出视平线及消失心点，拉出墙角线

图3-3 步骤三：根据物体的尺度继续深入画出造型的宽度及陈设的高度及细节结构

图3-4 步骤四：强化结构及比例关系，深入刻画细节，画出画面的主次、虚实关系

3.2 卧室一点斜透视（图3-5～图3-8）

特点：

（1）透视基面向侧点变化消失，画面当中除消失心点外还有一个消失侧点；

（2）所有垂直线与画面垂直，水平线向侧点消失，纵深线向心点消失；

（3）相比平行透视，画面形式更活泼，更具表现力。

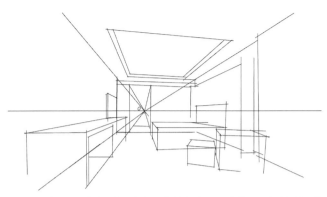

图3-6 步骤二：根据陈设高度画出空间布局具体位置，保持透视关系，水平线向侧点消失

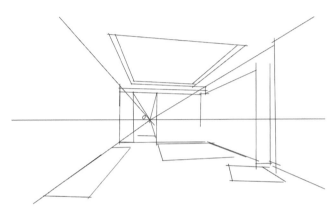

图3-5 步骤一：在平行透视的基础上，在画面外侧随意定出一个侧点，画出空间四个界面及陈设地面投影位置

图3-7 步骤三：在空间方盒子基础上勾画出物休的具体结构形式及投影关系

图3-8 步骤四：画出物体投影及材质，深入刻画细节，强化明暗关系及画面主次、虚实关系

3.3 客厅一点斜透视（图3-9～图3-13）

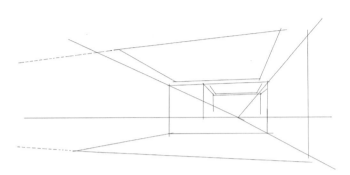

图3-9 步骤一：根据画面需要定出视平线及灭点，画出一点斜透视空间界面

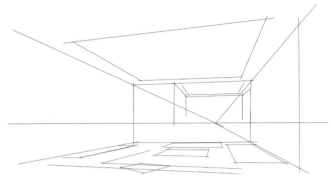

图3-10 步骤二：在斜透视空间界面中画出主要空间陈设的地面投影

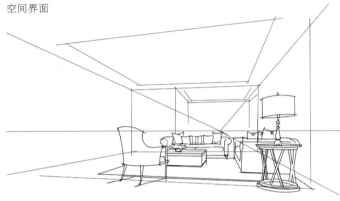

图3-11 步骤三：在投影的基础上画出陈设的形体结构

图3-12 步骤四：继续画出室内中所有物体的轮廓结构

图3-13 步骤五：完成细节刻画和物体投影关系及主次关系

3.4 客厅两点成角透视（图3-14～图3-17）

特点：

(1) 画面中左右各有一个侧点；

(2) 画面水平线向两边侧点消失，垂直线与画面垂直；

(3) 画面效果生动活泼，变化丰富，视觉感强，易于表现出体积感。

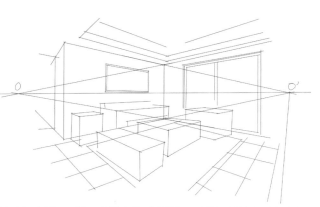

图3-15 步骤二：进一步画出墙面造型位置及陈设外轮廓所在的方盒子和地面地砖分割线

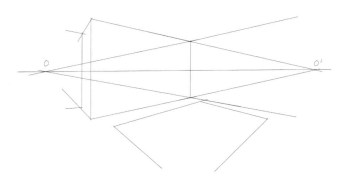

图3-14 步骤一：根据平面图及视点尺度，定好视平线高度及侧点位置，画出基面及大的比例位置

图3-16 步骤三：深入勾画出陈设结构形体，完善其他装饰及材质表现

图3-17 步骤四：完成细节刻画及光影明暗投影关系。完善构图，强化结构及画面主次与虚实关系

3.5 透视训练

学习要点：大量训练不同类型的透视，不同视点，视平线及消失点在不同位置时空间所产生的变化及给观者的不同感受。

学习目的：建立强烈的透视概念，正确选择最能体现设计构思的透视效果（图3-18～图3-22）。

图 3-18 透视训练

图 3-19 透视训练

图 3-20 透视训练

图 3-21 透视训练

图 3-22 透视训练

3.6 精细钢笔线稿表现

在空间设计表现中，黑白线稿表现对最终表现效果起到非常关键的作用。一张优秀的钢笔线稿会使上色阶段更加简单快速、有效果。线稿形式根据对比关系可分为结构对比、光影对比、材质对比。主要以线的白描、排列、叠加组合，以不同线形、疏密程度来表现黑、白、灰关系（图 3-23 ~ 图 3-42）。

学习要点：

（1）通过合理的线条排列，形成具有体块、质感、光影的黑白灰明度变化，画面明暗变化、空间虚实明确。该重的地方重（如暗面，投影），该留白的地方留白。让画面形成强烈的黑、白、灰关系。

（2）虚实关系能强化空间感，所以在透视图中，远景一般少刻画或不刻画，中景或主要表现对象要相对刻画得精细，近景刻画对比强烈些。

（3）根据不同材质、光影及画面需要，利用不同线条形成变化，绘出不同肌理效果。如用点表现质地细腻材质，平行线表现光滑坚硬材质，平滑折线表现木纹等。

图 3-23 精细钢笔线稿表现

图 3-24 精细钢笔线稿表现

图 3-25 精细钢笔线稿表现

图 3-26 精细钢笔线稿表现

图 3-27 精细钢笔线稿表现

图 3-28 精细钢笔线稿表现

图 3-29 精细钢笔线稿表现

图 3-30 精细钢笔线稿表现

图 3-31 精细钢笔线稿表现

图 3-32 精细钢笔线稿表现

图 3-33 精细钢笔线稿表现

图 3-34 精细钢笔线稿表现

图 3-35 精细钢笔线稿表现

图 3-36 精细钢笔线稿表现

图 3-37 精细钢笔线稿表现

图 3-38 精细钢笔线稿表现

图 3-39 精细钢笔线稿表现

图 3-40 精细钢笔线稿表现

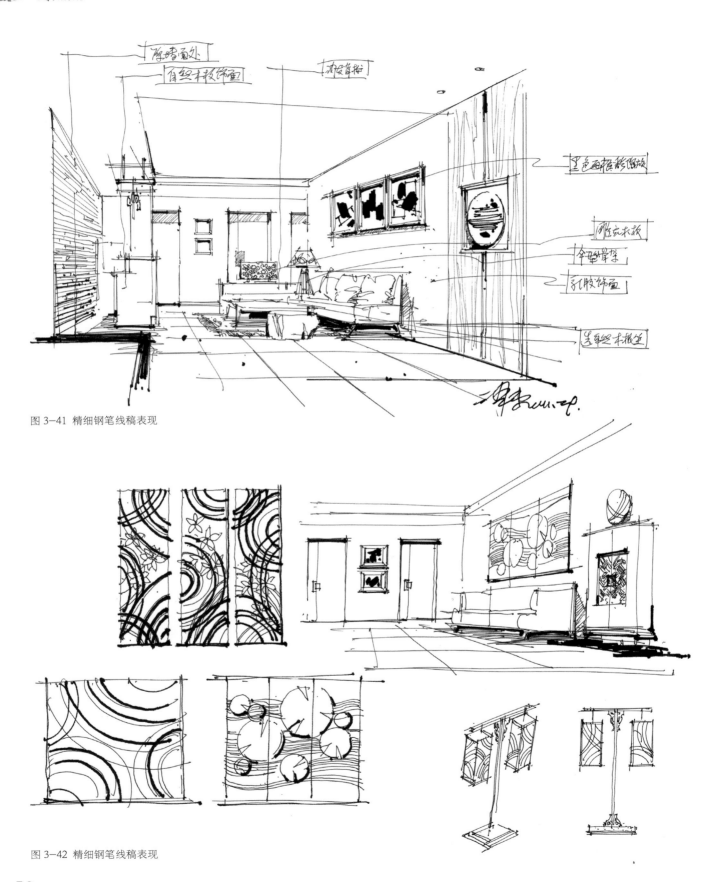

图 3-41 精细钢笔线稿表现

图 3-42 精细钢笔线稿表现

3.7 根据平面生成透视空间

　　将二维空间转为三维空间是设计师最为重要的能力之一。要具有快速由平面画出空间的能力，需要平时有针对性的训练。经常根据一些创意平面，从不同的角度画出空间透视图。训练自己的空间构架能力、画面构图能力、空间概括与把控能力、画面处理能力（图3-43～图3-47）。

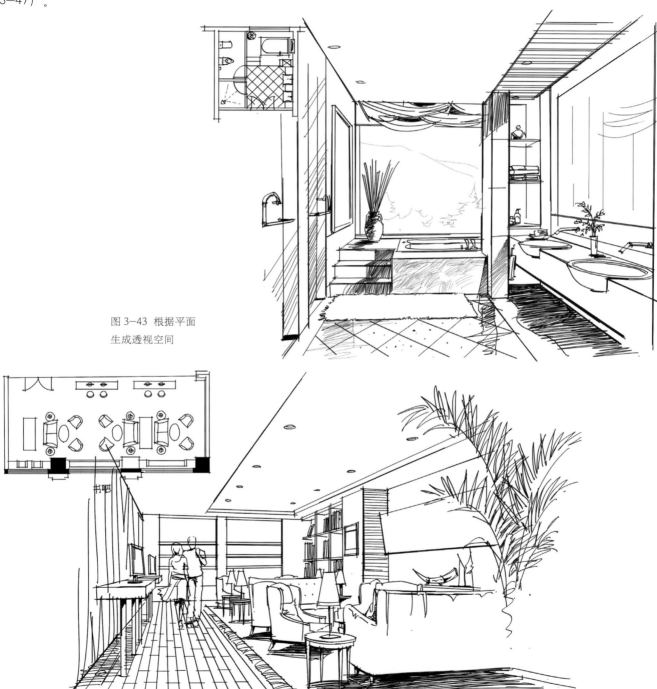

图 3-43　根据平面
生成透视空间

图 3-44　根据平面生成透视空间

图 3-45 根据平面
生成透视空间

图 3-46 根据平面生成透视空间

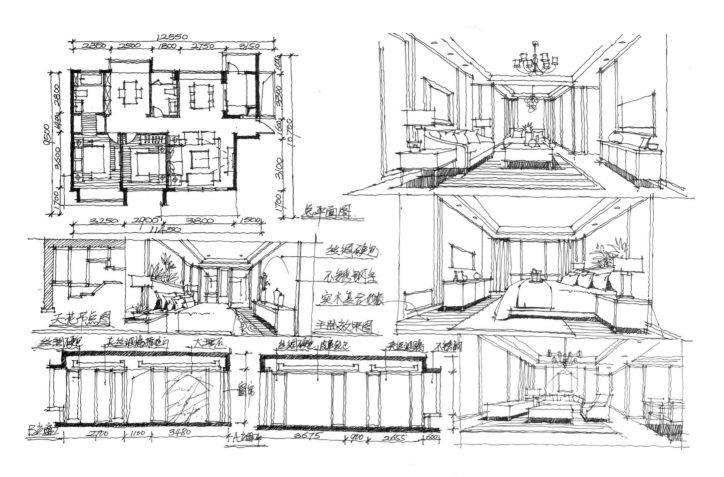

图 3-47 根据平面生成透视空间

04

马克笔空间设计表现内容

第四章 马克笔空间设计表现内容

4.1 马克笔平面图表现（图4-1～图4-7）

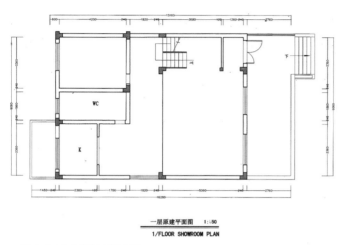

一层原建平面图 1:50
1/FLOOR SHOWROOM PLAN

图 4-1 马克笔平面图表现

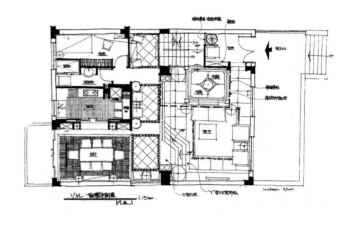

图 4-2 马克笔平面图表现

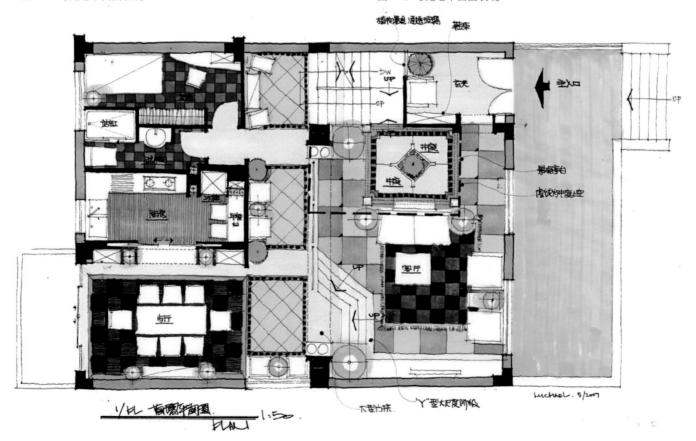

图 4-3 马克笔平面图表现

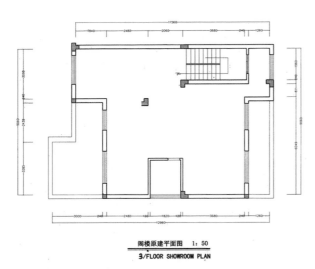

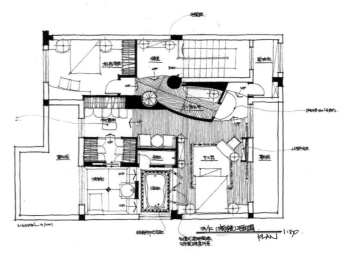

阁楼原建平面图 1:50
3/FLOOR SHOWROOM PLAN

图 4-4 马克笔平面图表现

图 4-5 马克笔平面图表现

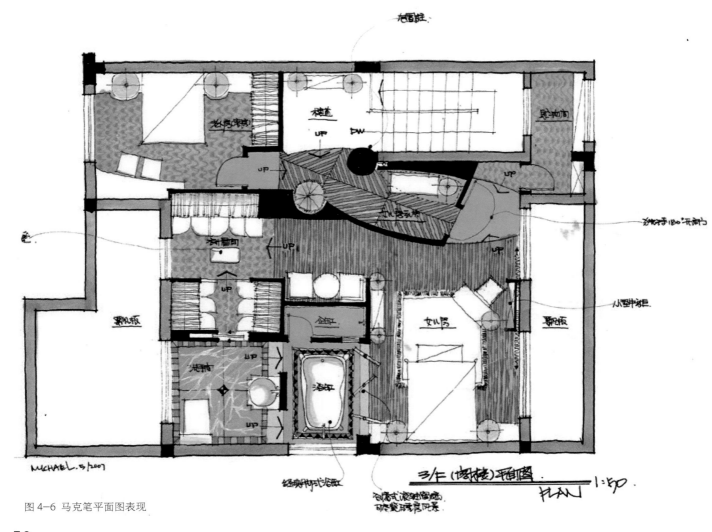

图 4-6 马克笔平面图表现

58

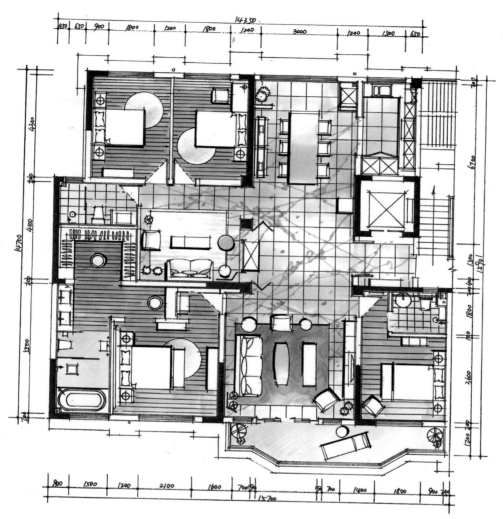

平面布置图 1:80

图 4-7 马克笔平面图表现

4.2 马克笔材质表现

家居陈设材质的表现是空间设计的组成部分。材质的细分和刻画能让手绘效果图更加生动真实。所以在掌握线稿基本功后，要对空间设计中经常出现的一些材质，如石材、木材、玻璃、布艺、墙纸、墙漆等进行系统的练习，总结其基本技法和表现规律（图4-8~图4-11）。

图 4-8 马克笔材质表现

图 4-9 马克笔材质表现

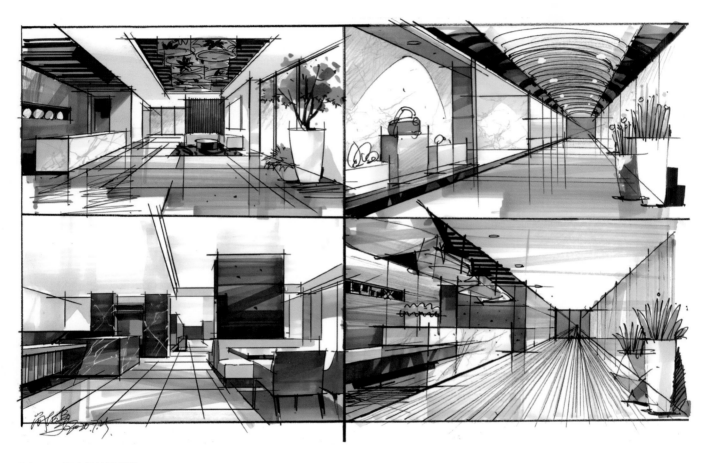

图 4-10 马克笔材质表现

图4-11 马克笔材质表现

4.3 马克笔客厅空间表现

客厅是全家休闲娱乐、团聚接待、休息交流的场所。它能充分体现主人的涵养品味和兴趣爱好、是住宅空间中活动集中、使用频率最高的地方。客厅主要功能区域可划分为聚谈区、会客区、视听区三大区域。客厅设计风格多样，有简约时尚浪漫的现代风格、有优雅华丽高贵的复古风格、有清爽朴素休闲的田园风格。在设计表现时要根据不同风格选择用笔、色彩、配饰及色调等（图4-12～图4-37）。

图4-12 马克笔客厅表现

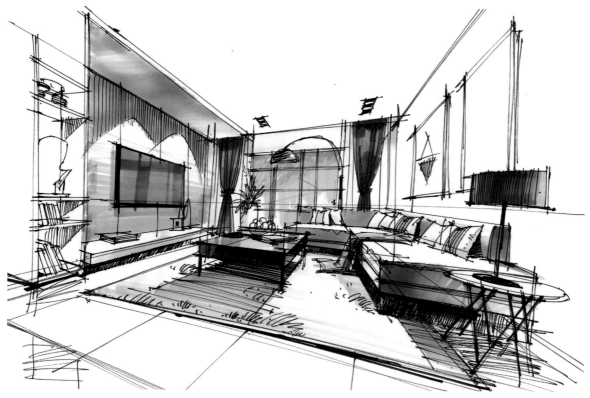

图 4-13 马克笔客厅表现

图 4-14 马克笔卧室表现

65

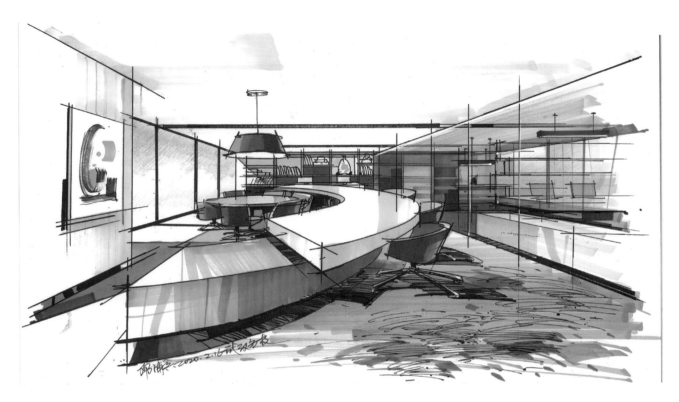

图 4-15 马克笔办公室表现

图 4-16 马克笔客厅表现

图 4-17 马克笔卧室表现

图 4-18 马克笔客厅表现

图 4-19 马克笔客厅表现

图 4-20 马克笔卧室表现

图 4-21 马克笔客厅表现

图 4-22 马克笔客厅表现

图 4-23 马克笔客厅表现

图 4-24 马克笔客厅表现

图 4-25 马克笔休息厅表现

图 4-26 马克笔客厅表现

图 4-27 马克笔客厅表现

图 4-28 马克笔办公室表现

图 4-29 马克笔客厅表现

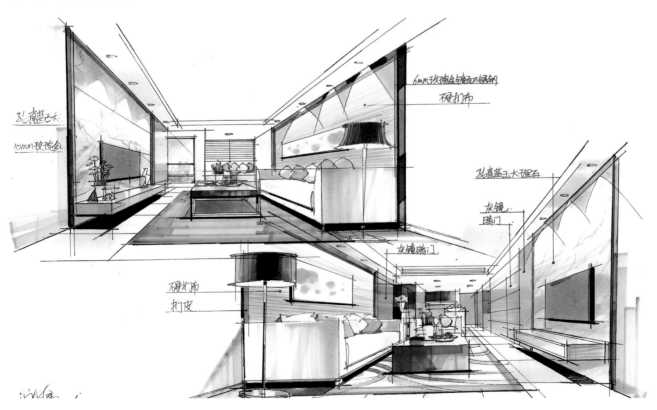

图 4-30 马克笔客厅表现

图 4-31 马克笔专卖店表现

图 4-32 马克笔客厅表现

图 4-33 马克笔客厅表现

图 4-34 马克笔客厅表现

图 4-35 马克笔休息厅表现

图 4-36 马克笔客厅表现

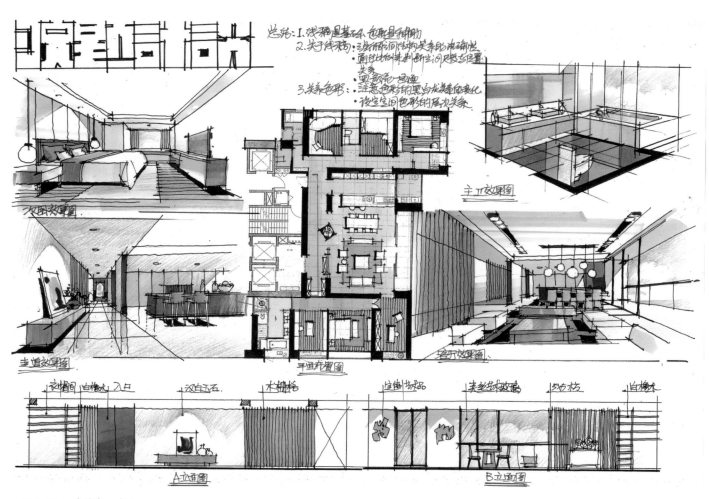

图 4-37 马克笔客厅表现

4.4 马克笔餐厅空间表现

　　餐厅不仅是家人用餐和宴请的场所，更是家人团聚和情感交流的场所，是住宅中温馨，恬静的空间之一。餐厅可分为独立式、餐厅与客厅结合式、餐厅与厨房结合式三种形式。选择餐厅家具时要注意与室内设计整体风格协调，通过不同的样式和材质强化空间格调。在设计表现时要注意灯光对空间的影响（图4-38～图4-47）。

图4-38 马克笔餐厅表现

图 4-39 马克笔卧室表现

图 4-40 马克笔餐厅表现

图 4-41 马克笔餐厅表现

图 4-42 马克笔餐厅表现

图 4-43 马克笔餐厅表现

图 4-44 马克笔餐厅表现

图 4-45 马克笔餐厅表现

82

图 4-46 马克笔餐厅表现

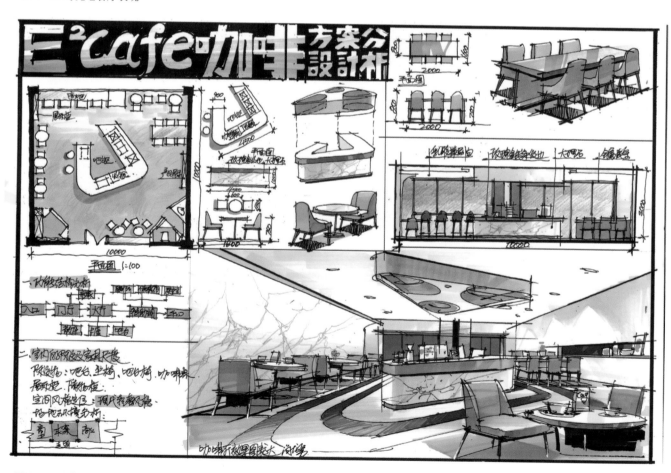

图 4-47 马克笔咖啡厅表现

4.5 马克笔卧室空间表现

卧室是人们休息睡眠的场所，有较强的私密性。卧室既要满足主人的个性需求还要满足主人的情感和心理需求。卧室可划分为睡眠区、梳妆阅读区、休闲交流区、衣物贮藏区。表现时应采用统一和谐的色彩，以温馨柔和的暖色为主色调，营造出安静、温暖祥和的空间氛围（图 4-48 ～图 4-56）。

图 4-48 马克笔卧室表现

图 4-49 马克笔卧室表现

图 4-50 马克笔卧室表现

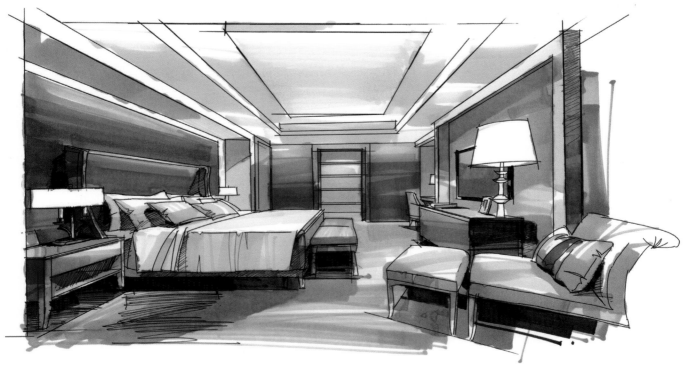

图 4-51 马克笔卧室表现

图 4-52 马克笔卧室表现

图 4-53 马克笔卧室表现

图 4-54 马克笔卧室表现

图 4-55 马克笔卧室表现

图 4-56 马克笔卧室表现

4.6 马克笔卫生间空间表现

　　卫生间是家庭生活中私密性最高的场所，也是主人回到家放松心情、舒展身心、缓解疲劳的地方。现代卫生间集清洗、淋浴、休闲、保健于一体。在安静优美的环境中得到全身心的放松（图 4-57 ～图 4-59）。

图 4-57 马克笔卫生间表现

图 4-58 马克笔卫生间表现

图 4-59 马克笔卧室表现

4.7 其他空间马克笔表现

其他空间马克笔表现，如图 4-60 ~ 图 4-78 所示。

图 4-60 马克笔餐饮空间表现

图 4-61 马克笔休闲空间表现

图 4-62 马克笔专卖店表现

图 4-63 马克笔会议室空间表现

图 4-64 马克笔会议室空间表现

图 4-65 马克笔售楼部空间表现

图 4-66 马克笔办公区空间表现

图 4-67 马克笔休闲空间表现

图 4-68 马克笔小品空间表现

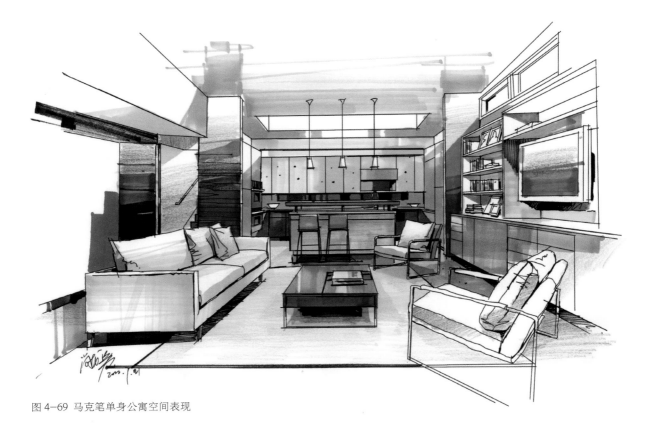

图 4-69 马克笔单身公寓空间表现

图 4-70 马克笔阁楼空间表现

图 4-71 马克笔办公大厅空间表现

图 4-72 马克笔办公接待空间表现

图 4-73 马克笔客厅空间表现

图 4-74 马克笔酒店大堂空间表现

图 4-75 马克笔宾馆大厅空间表现

图 4-76 马克笔酒店表现

图 4-77 马克笔家居空间表现

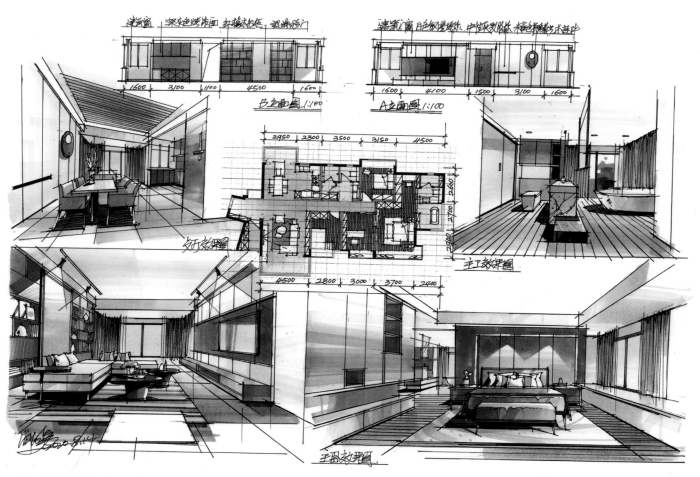

图 4-78 马克笔办公空间表现

05

马克笔空间设计表现步骤

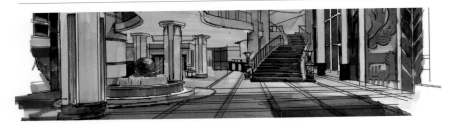

第五章 马克笔空间设计表现步骤

　　马克笔因自身的属性在表现图中有快速方便、清爽等优点，但也有一些自身的不足。初学者绘制这种表现图时，不妨参考以下方法：

　　（1）先用冷灰色或暖灰色的马克笔将图中基本的明暗调子画出来，然后用物体固有色画出主要明暗关系。

　　（2）在运笔过程中，用笔的遍数主要根据物体明度及光影关系来确定。只需要色彩变化时可在色彩未干时就进行其他颜色的叠加。如还需要增加笔触变化可在第一遍颜色干透后再进行第二遍上色。上色过程要准确、快速。否则色彩会渗出且成混浊状，丧失了马克笔透明和干净的特点。

　　（3）用马克笔表现时，笔触大多以排线连笔为主，所以有规律地组织线条的方向和疏密，有利于形成统一的画面风格。可运用排笔、点笔、飘笔、连笔晕化、留白等方法，需要时可灵活使用。

　　（4）马克笔的覆盖性不强，淡色无法覆盖深色。所以在效果图上色的过程中，应该先上浅色而后覆盖较深重的颜色。并且要注意色彩之间的相互和谐，忌大面积使用过于鲜亮的颜色，应以中性色调为宜。

　　（5）单纯地运用马克笔难免会留下不足，应与彩铅、水彩等工具结合使用。有时用酒精作再次调和，画面上会出现不一样的肌理效果。

5.1 马克笔客厅空间表现步骤

客厅功能区域比较多，重点在于分清主次与虚实关系。通过强调、取舍来表现出空间感，通过固有色及光源色拉开空间冷暖关系（图5-1～图5-5）。

图5-1 步骤一：根据设计平面图，应用一点透视方法勾画出空间透视线稿，利用线条组合刻画出物体黑白灰和空间关系

图5-2 步骤二：在空间线稿基础之上，在心中确定画面的空间色调及冷暖关系之后，开始从画面主体入手。本例中，以冷灰调加些亮色为主，根据物体的固有色从暗部入手，同一支笔画出明度变化

图5-3 步骤三：根据色调要求逐步完成从近景到远景、主次分明的基本色彩刻画

图5-4 步骤四：对墙面、天花、地面进行着色，要用大笔触快速运笔，有冷暖及光影变化的要在色彩未干时过渡。同时加强投影，强化立体感

图5-5 步骤五：完成整体着色后根据画面需要进行整体调整。对主要物体深入细致刻画，调整细节与画面关系，利用彩铅和修改液刻画材质及亮部变化

5.2 马克笔卧室空间表现步骤（图 5-6 ～图 5-10）

图 5-6 步骤一：根据设计构思画出空间表现线稿，注意画面主次关系及空间平衡，用简单线条刻画空间投影及空间关系

图 5-7 步骤二：卧室以表现温馨舒适的暖色为主色调，根据物体自身材质选择合适的马克笔进行刻画

图 5-8 步骤三：以前景主体为中心，从前到后，由实到虚铺设主体色调

图 5-9 步骤四：进一步完善主体色调的绘制，注意画面关系的统一协调

图 5-10 步骤五：深入刻画陈设细节，调整画面关系

5.3 马克笔餐厅空间表现步骤（图5-11~图5-15）

图5-11 步骤一：根据创意平面画出空间透视线稿，辅助以部分投影，强化空间主次关系

图5-12 步骤二：根据餐厅暖色调氛围，用大色块画出主体的固有色及光影变化

图5-13 步骤三：继续以餐桌椅组合为中心扩大着色范围，注意物体之间的对比关系

图5-14 步骤四：完成远景及天花板的基本着色，对画面配饰深入刻画，增加画面气氛

图 5-15 步骤五：最后调整画面的对比关系，深入完成主要物体的刻画，丰富画面。用马克笔笔触平衡画面构图，适度留白让画面更有趣味性

5.4 马克笔酒店空间表现步骤

1. 酒店标间（图5-16 ～ 图5-20）

图 5-16 步骤一：用一点透视画出空间线稿,因为空间内东西比较多,所以把视平线放在80厘米高,主要表现右边的床,所以把视点放在偏左位置

图 5-17 步骤二：完成主要物体及地面的着色,注意光滑材质的用笔及光影关系和地板的前后过渡

图 5-18 步骤三：继续对书桌椅、电视、花池等陈设物着色,画出室外夜景

图 5-19 步骤四：在远处夜景笔墨未干之时,画出室外植物等配景,丰富画面,注意室外物体明度要协调统一

图 5-20 步骤五：根据灯光变化，刻画墙体及天花板的材质过渡。深入刻画物体细节，调整整体关系，边缘物体留白，突出视觉中心

2. 酒店大厅（图 5-21 ～ 图 5-25）

图 5-21 步骤一：画出酒店大厅空间线稿，简单刻画物体肌理及光影

图 5-22 步骤二：从远景入手，通过光影关系刻画出物体材质

图 5-23 步骤三：继续处理左边远景玻璃材质，远景刻画控制在两种色彩即可。完成左边前景餐桌椅组合的着色，其色彩是在深色上揉出淡黄色

图 5-24 步骤四：继续刻画右边前景沙发组合，其沙发冷灰调亦是在灰色基色未干前揉入蓝色实现的

图 5-25 步骤五：完成天花板色彩变化，深入刻画细节，调整画面整体关系

5.5 快题设计案例表现

　　快题设计作为能体现学生设计综合素质和能力的一种测试方法，在研究生考试、公司招聘中常常用到。且作为设计师在设计构思前期表达设计想法的主要手段，能够把设计师瞬间灵感直接快速地记录下来，通过反复比较推敲和修改，引导设计不断深化。快题设计是当代优秀设计师应该具备的基本能力（图 5-26、图 5-27）。

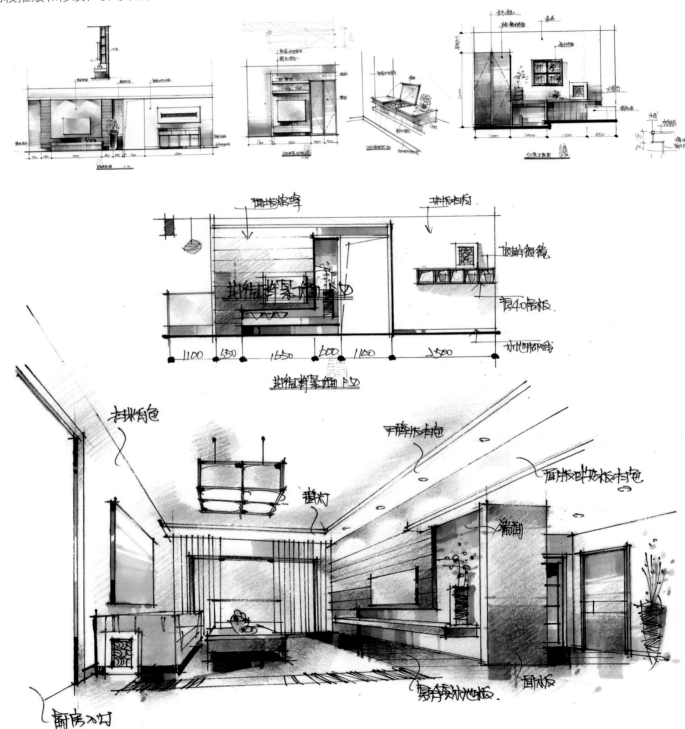

图 5-26 快题设计案例表现

图 5-27 快题设计案例表现

1. 家居客厅设计（图 5-28）

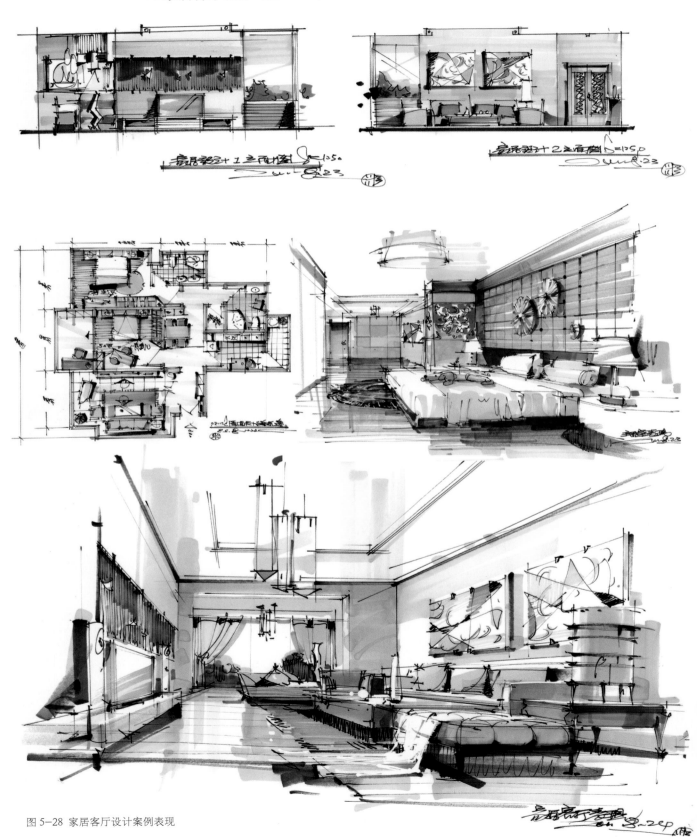

图 5-28 家居客厅设计案例表现

2. 别墅家居设计（图 5-29）

图 5-29 别墅家居设计案例表现

3. 酒店客房设计（图 5-30、图 5-31）

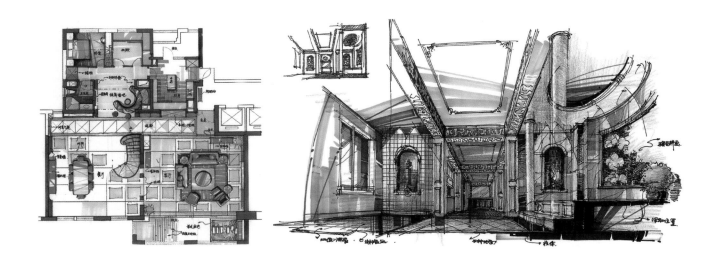

图 5-30 翠湖天地客房设计案例表现

图 5-31 酒店客房设计案例表现

06
优秀作品欣赏

图 6-1 马克笔酒店空间表现

图 6-2 马克笔餐饮空间表现

图 6-3 水彩欧式客厅空间表现

图 6-4 马克笔、彩铅入口空间表现

图 6-5 马克笔庄园别墅空间表现

图 6-6 马克笔接待大厅空间表现

图 6-7 马克笔庄园别墅空间表现

图 6-8 马克笔建筑中庭空间表现

图 6-9 马克笔别墅餐厅空间表现

图 6-10 马克笔客厅空间表现

图 6-11 马克笔别墅空间表现

图 6-12 马克笔、彩铅客厅空间表现

图 6-13 彩铅酒店空间表现

图 6-14 马克笔教堂空间表现

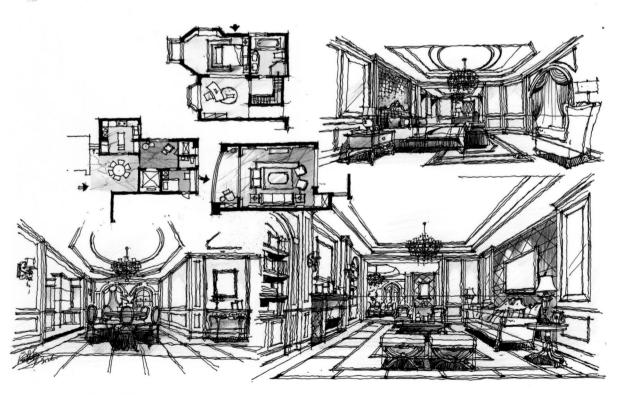

图 6-15 马克笔家居空间表现

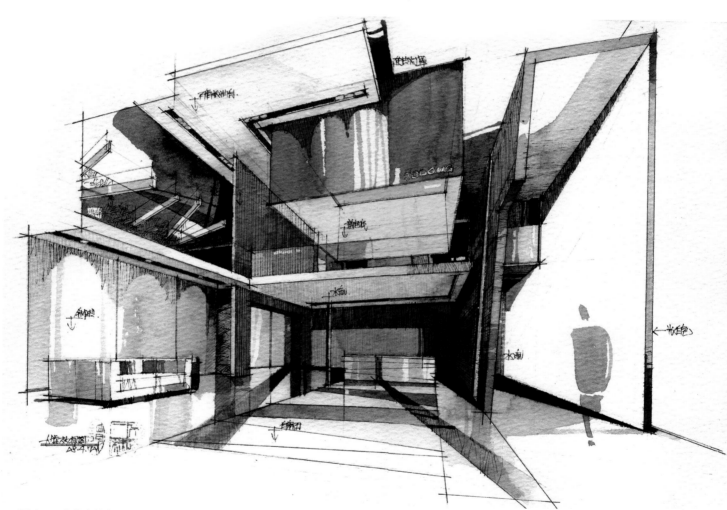

图6-16 水彩公共空间表现

图 6-17 马克笔卧室空间表现

图 6-18 马克笔咖啡厅空间表现

图 6-19 马克笔餐饮空间表现

图 6-20 马克笔酒店表现

图 6-21 马克笔家居空间表现

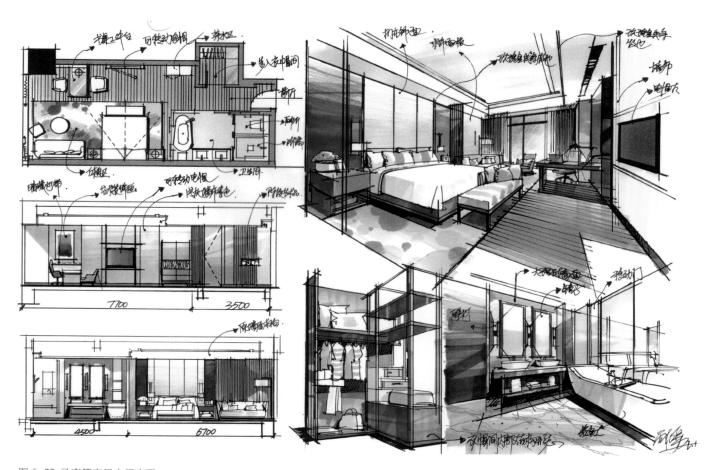

图 6-22 马克笔家居空间表现

图 6-23 马克笔客厅空间表现

图 6-24 马克笔餐饮空间表现

图 6-25 马克笔厨房空间表现

图 6-26 马克笔别墅空间表现

图 6-27 马克笔家居空间表现

图 6-28 马克笔卫生间空间表现

图 6-29 马克笔客厅空间表现

图 6-30 马克笔办公空间表现

图 6-31 马克笔、彩铅客厅空间表现

图 6-32 马克笔医院大厅空间表现

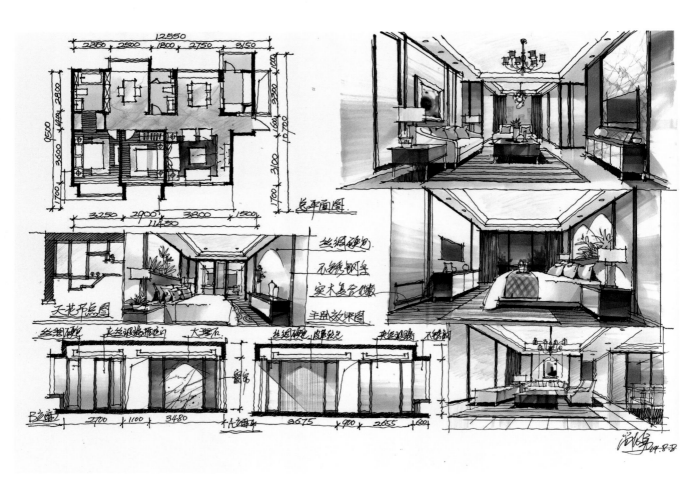

图6-33 马克笔家居空间表现

作者在庐山艺术特训营授课

图书在版编目（CIP）数据

马克笔空间设计手绘表现／尚龙勇著．－2版（修订本）．－上海：东华大学出版社，2020.10
ISBN 978－7－5669－1774－4

Ⅰ．①马… Ⅱ．①尚… Ⅲ．①空间－建筑设计－绘画技法 Ⅳ．①TU204.1

中国版本图书馆CIP数据核字(2020)第177882号

责任编辑：谢　未
装帧设计：王　丽

马克笔空间设计手绘表现（修订版）
Makebi Kongjian Sheji Shouhui Biaoxian

著　　者：尚龙勇
出　　版：东华大学出版社
（上海市延安西路1882号　邮政编码：200051）
出版社网址：dhupress.dhu.edu.cn
天猫旗舰店：http://dhdx.tmall.com
营销中心：021－62193056　62373056　62379558
印　　刷：深圳市彩之欣印刷有限公司
开　　本：889mm×1194mm　1/16
印　　张：9
字　　数：317千字
版　　次：2020年10月第2版
印　　次：2020年10月第1次印刷
书　　号：ISBN 978－7－5669－1774－4
定　　价：55.00元